DU

POUVOIR SÉPARATEUR

DE L'ŒIL

PAR

Le Docteur Georges WEISS

Ingénieur des Ponts et Chaussées,
Chef des Travaux pratiques de Physique à la Faculté de Médecine.

PARIS

LIBRAIRIE COTILLON

F. PICHON, SUCCESSEUR, IMPRIMEUR-ÉDITEUR,

282, RUE SAINT-JACQUES, & 24, RUE SOUFFLOT.

—

1889

DU

POUVOIR SÉPARATEUR DE L'ŒIL

DU

POUVOIR SÉPARATEUR

DE L'ŒIL

PAR

Le Docteur Georges WEISS

Ingénieur des Ponts et Chaussées,
Chef des Travaux pratiques de Physique à la Faculté de Médecine.

PARIS

LIBRAIRIE COTILLON

F. PICHON, SUCCESSEUR, IMPRIMEUR-ÉDITEUR,

282, RUE SAINT-JACQUES, & 24, RUE SOUFFLOT.

—

1889

DU

POUVOIR SÉPARATEUR DE L'ŒIL

Lorsqu'à travers une lunette on regarde deux points lumineux, deux étoiles par exemple, on voit généralement deux images dans le champ; mais si les deux points observés se rapprochent l'un de l'autre, il arrive un moment où les deux images se confondent en une seule; on dit alors qu'on est arrivé à la limite de la séparation. Le pouvoir séparateur d'un instrument d'optique est défini par la plus petite distance angulaire de deux points donnant des images distinctes. Cette question a été bien traitée par André dans sa thèse de doctorat, mais il s'est principalement attaché à l'étude des phénomènes que l'on rencontre dans l'observation des étoiles, j'ai en vue un but différent. Je crois d'ailleurs que jusqu'ici l'analyse des faits n'a pas été poussée assez loin. En effet on admet en général que l'étude du pouvoir séparateur se résume à celle de l'image fournie par l'objectif; cela serait vrai si l'image qui se forme sur la rétine n'était que la reproduction à une autre échelle de ce qui se passe dans le plan focal, or il n'en est pas ainsi et pour le prouver il suffit de démontrer que l'oculaire a une influence notable sur la séparation. J'ai fait cette expérience en me servant d'une lunette que je pouvais munir d'oculaires variés et je constatai que me servant d'un oculaire n° 4 de Nachet je séparais deux points lumineux qui restaient confondus avec un n° 1 par exemple. — En réalité il faut suivre les ondes lumineuses jusque sur la rétine et voir ce qui s'y passe, c'est cela qui est intéressant, et ce n'est que de cette façon qu'il est possible de s'expliquer la variation du pouvoir séparateur avec l'éclat des images, phénomène déjà signalé par Herschell.

Avant d'aller plus loin, je dois dire comment je m'y prenais dans mes expériences pour obtenir des points lumineux très petits et aussi rapprochés que je le désirais. Un trou percé dans un écran était éclairé par la lumière Drummond, devant le trou se trouvait un spath d'Islande qui, par double réfraction, me donnait deux points lumineux. Il suffisait, à l'aide d'un objectif de microscope, de former une image réelle de ces deux points. Ce procédé paraît bien compliqué, mais il faut remarquer qu'il offre l'avantage de laisser variable la distance des deux points à la volonté de l'observateur, et que de plus les deux images étant formées de faisceaux polarisés à angle droit, ne peuvent interférer, ce qui est très important.

Je ne veux pas traiter la question du pouvoir séparateur d'une façon générale, mon étude s'est bornée à l'œil regardant directement deux points lumineux, elle conduit à un résultat assez intéressant.

Si l'image d'un point lumineux sur la rétine était un point mathématique, l'optique géométrique donnerait facilement la solution du problème, il suffirait pour avoir la séparation entre deux points lumineux que leurs images se fassent sur deux éléments rétiniens non contigus. Mais l'image rétinienne d'un point lumineux est une tache dont l'intensité va en diminuant du centre à la périphérie. Il faut rechercher quand deux taches pareilles se rapprochent quel est le moment où il y a confusion.

L'image d'un point lumineux est une tache pour trois motifs :

1º Les ondes lumineuses après leur réfraction à travers la cornée et le cristallin ne sont pas rigoureusement sphériques, il y a formation d'une caustique.

2º En admettant l'œil parfait, des ondes sphériques ne donnent pas en leur centre un point lumineux, il y a diffraction par les bords de la pupille.

3º Les phénomènes de diffusion font que ce ne sont pas seulement les éléments rétiniens directement frappés qui sont impressionnés, mais aussi les éléments voisins, et cela d'autant plus que la lumière, pour arriver à la couche sensible de la rétine, en traverse d'autres qui la diffusent.

Il paraît assez difficile de séparer ces trois causes. Pour y parvenir il faut chercher ce qui arriverait dans l'œil parfait et voir les écarts que l'on obtient en comparant dans divers cas les résultats de la théorie à ceux de l'expérience.

J'ai cherché quelle était la forme et la dimension de la tache lumineuse produite par la diffraction. Ce calcul a été fait pour la lumière rouge, et pour un diamètre de la pupille égal à 4 millimètres.

Je ne reproduirai pas ici les calculs qui mènent au résultat, cela n'offrirait aucun intérêt car on peut les trouver tout au long dans la thèse d'André. La figure 1 représente la coupe méridienne de la tache lumineuse (en chaque point l'ordonnée est proportionnelle à l'intensité lumineuse). Cette tache lumineuse est entourée d'une série d'anneaux alternativement lumineux et obscurs, le point A de la courbe correspond au premier anneau obscur, les autres n'ont pas d'intérêt pour nous, car ils ont une intensité très faible et certainement n'interviennent en rien dans la séparation.

Quel est l'effet produit par des taches de cette nature au fond de l'œil. On pourrait à la rigueur être obligé de faire deux hypothèses en admettant que l'impression éprouvée par un élément rétinien dépend du maximum d'intensité en un de ses points, ou bien qu'elle dépend de la quantité totale de lumière qui tombe sur lui ; mais cette dernière hypothèse explique seule certains faits rapportés par Helmholtz (*Optique physiologique*, page 293). En l'adoptant, il s'agit maintenant de voir quelle va être la quantité de lumière reçue par les divers éléments rétiniens quand deux taches lumineuses se feront sur la rétine dans diverses positions.

L'ordonnée Bb est moitié de l'ordonnée maxima ; lorsque les centres des deux taches auront une distance moindre que le double de OB ou même égale, il est certain que la séparation ne pourra avoir lieu, car alors il y aura le même éclairement entre

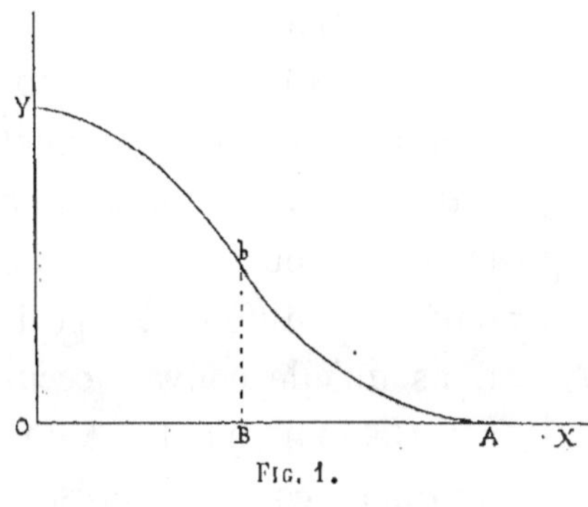

Fig. 1.

les deux taches qu'en leur centre, les images rétiniennes se confondront en une seule. Supposons qu'à partir de cette position les images aillent en s'écartant, il faut calculer la quantité de lumière tombant sur un élément rétinien dont le centre coïncide avec le milieu des deux maxima, et sur deux éléments situés de côté et d'autre du premier ; ces deux derniers seront également éclairés. Pour faire le calcul il faut connaître la dimension des éléments rétiniens, or les auteurs sont loin d'être d'accord à ce sujet, les valeurs données varient entre $0^{mm},002$ et $0^{mm},001$ de diamètre. J'ai fait le calcul en adoptant successivement les trois valeurs $0^{mm},002$ — $0^{mm},0015$ — $0^{mm},001$. Voici comment j'ai opéré.

M'inspirant de la méthode que l'on emploie en travaux publics pour l'évaluation des cubes de déblais, j'ai fait un plan coté de la tache lumineuse, les diverses courbes de niveau étant espacées en plan de $0^{mm},0001$. Puis découpant dans un papier la surface adoptée pour l'élément rétinien, j'ai cherché en l'appliquant sur mon plan quel volume représentatif se trouvait couvert par elle dans les différentes positions qu'elle pouvait occuper. Cela fait, j'ai tracé une première courbe représentant les quantités de lumière tombant sur l'élément central en prenant pour abcisses la distance du maximum d'une tache au centre de l'élément.

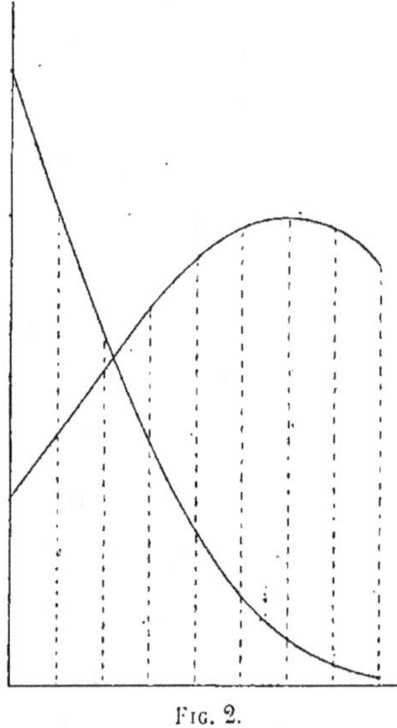

Fig. 2.

Une seconde courbe représentait les quantités de lumière tombant sur les éléments latéraux.

La figure 2 correspondant à une dimension des éléments rétiniens de $0^{m},002$ fait voir qu'au début il tombe plus de lumière sur l'élément central que sur les éléments latéraux, puis après un moment où il y a égalité, c'est le contraire. Le moment où il y a égalité donne la limite de la séparation.

Cette limite correspond :

$$
\begin{array}{lll}
\text{Pour la valeur} & 0^{\mathrm{m}},002 & \text{à} \ldots 36'' \\
\text{—} & 0^{\mathrm{m}},0015 & \text{à} \ldots 29'' \\
\text{—} & 0^{\mathrm{m}},001 & \text{à} \ldots 25'' \\
\end{array}
$$

Voyons maintenant ce que va nous donner l'expérience.

Je produis de nouveau à l'aide d'un spath et d'un objectif de microscope deux points lumineux très petits et assez rapprochés ; sur le trajet de la lumière, avant le spath, je place un verre rouge ; et je cherche à distinguer à l'œil nu les deux points lumineux. Je constate que lorsque je me place à $1^{\mathrm{m}},20$ je suis à la limite de la séparation. Pour connaître l'angle sous lequel je regardais les deux points je mesure leur distance à la machine à diviser munie d'un microscope ; la distance des deux points étant sensiblement $1^{\mathrm{mm}},00$ on en déduit pour la distance angulaire des deux points $2'30''$; c'est-à-dire un nombre quatre ou cinq fois plus considérable que ceux trouvés en tenant compte de la diffraction seule. On peut en conclure immédiatement que dans les conditions de l'expérience la séparation n'est pas limitée par la dimension des éléments rétiniens, mais par d'autres causes qui sont l'aberration due à la forme du faisceau réfracté et la diffusion.

En me plaçant un peu au delà de la limite de séparation, et certain de n'avoir l'impression que d'une seule tache lumineuse, j'observai à travers des ouvertures de plus en plus petites percées dans des cartes.

A partir d'un diamètre assez petit il me sembla voir deux points lumineux et il n'y eut plus aucun doute quand je me servis d'un diaphragme ayant une ouverture de 1^{mm} de diamètre. Or en opérant de cette façon j'avais réduit à la fois les aberrations de forme du faisceau et l'intensité de la lumière, c'est-à-dire la diffusion, comme j'avais au contraire augmenté la grandeur de la tache centrale de diffraction et que malgré cela la séparation était meilleure, il faut en conclure que les phénomènes de diffraction n'avaient qu'un effet très secondaire. Il s'agit maintenant de voir quelle est celle des deux autres causes qui est la plus importante. A cet effet je cherchai à obtenir la séparation en atténuant l'intensité lumineuse, toute chose égale d'ailleurs. Il est commode pour cela, afin de ne rien déranger à l'appareil, d'interposer sur le trajet des rayons lumineux, en même temps que le verre rouge, une cuve à faces parallèles dans laquelle on puisse mettre une solution plus ou moins étendue de bleu céleste, ou bien un prisme en verre bleu complété par un prisme blanc, ce qui forme une lame à faces parallèles mais de transparence variable, on fait ainsi varier l'intensité lumineuse sans rien changer à la couleur.

En opérant de cette façon je constatai que la séparation devenait bien meilleure avec une lumière modérée qu'avec une lumière très intense comme celle que j'avais au début.

Il résulte de là que pour une certaine intensité lumineuse, c'est la diffusion qui limite la séparation, c'est-à-dire que si disposant par exemple l'expérience comme je l'ai fait, et se plaçant à une certaine distance pour observer les deux points lumineux, si l'on est dans des limites convenables, il y aura une intensité lumineuse déterminée pour laquelle on sera à la limite de séparation. Si donc sans rien changer à l'appareil on vient à éclairer le trou par des lumières de coloration variable, à chacune d'elles correspondra une intensité pour laquelle on sera à la séparation limite, et ces intensités peuvent être considérées comme physiologiquement égales. Il me semble qu'il y a là un procédé permettant de comparer les effets physiologiques des lumières de couleur différente. Je ne puis pour des motifs divers entreprendre ce travail, mais j'ai tenu à indiquer la question qui peut donner des résultats intéressants. Je ferai seulement remarquer en terminant qu'au lieu de prendre un trou rond il vaut mieux employer une fente lumineuse pour faire ces dernières expériences, car on juge mieux du moment de la séparation, et cela n'entraîne aucun inconvénient.

Paris. — Imp. F. Pichon, 282, rue Saint-Jacques, et 24, rue Soufflot.

219.